わたしの山小屋日記

春

動物たちとの森の暮らし

今泉吉晴

論創社

春 ― 新生の季節

山小屋にいると、春は人を森にさそう特別な季節とわかります。里から数人のグループが間をおいて、談笑しながら登ってきます。ほかの季節には人が三々五々登ってくることはまずないし、楽しげな笑い声もほぼ春に特有です。植物の芽がふくらみ、花を咲かせて葉を開き、春を伝えるからでしょう。日が射す山道は暖かく、たくさんのチョウが飛んで目を楽しませてくれます。

わたしが初めての山小屋を山梨県の尾崎山八沢《おざきやまやつさわ》の森に建てたのも春で、今から27年前（1985年）の5月でした。ミツバウツギの白い花にたくさんのウスバシロチョウがたわむれていて、夢のようでした。

山小屋は六畳一間の小さな建物でした。それでも資材はけっこうな量で、大勢の人に荷揚《にあ》げを手伝ってもらいました。場所は、人々が『何もないところ』という谷間の薄暗いスギの植林地で、谷の両斜面はフジがからまるコナラとアカマツの林でした。麓《ふもと》の十日市場の老大工、秀《ひで》さんの指揮のもと、わたしの念願の山小屋は5月のうちの2週間で仕上がったのです。

わたしはこの山小屋での経験をもとに、1993年10月に岩手県の羽越山《はねっこいやま》の舘《たて》に、もう一軒の山小屋を建てました。羽越山から新切川《にぎりがわ》にのびる旧藩境の尾根で、スギの植林地とミズナラの雑木林、それに牧草地に接していました。冬には雪面にノウサギ、テン、キツネ、カモシカな

山小屋（尾崎山、5月）
二階に見える屋根の上のものは、一畳程度のムササビの出入りのための部屋です。右に見えるブロックはモグラ用の落葉を入れるところ。いろいろな動物に立ち寄ってもらえるよう工夫してあります

クジャクチョウ（羽越山、３月）
春一番にあらわれるチョウのひとつ。同じく春一番の花のひとつ、アキタブキの花にとまっています。山小屋の物置の天井にとまって冬を越すことがあります

カモシカ（羽越山、３月）
羽越山では人の道よりカモシカ道の方が多く、しっかり使い込まれています。山小屋の庭も通り道で、冬の終わりから春の初めにかけて、ツバキの葉など常緑樹の葉をよく食べます。わたしを見て近づいてきました

ど多くの種の動物の足あとが記される、けもの道の交差点でした。

　わたしが山で暮らす理由は単純です。自然には見ること、やることがたくさんあって楽しいからです。それに、自然は何をしても、きまって応えてくれるからです。

　自然が応えてくれるとは、たとえばこんなふうにでした。

　最初の山小屋の土台をつくるのに必要な水は、泉からパイプで引きました。水を使わないときは、パイプの水をミズゴケの湿地のすみに落とし、小さな池にしました。まだ小屋を建てている工事の最中に、その池にリスがやってきて水を飲みました。以来、リスは毎日やってくるようになりました。池のふちのフシグロセンノウが橙色の花を咲かせた8月には、ペアでいることが多いとわかってきました。

　ある日わたしが、スギの木の根元に椅子を出して本を読んでいると、リスが池から跳んできました。わたしはじっとしていました。リスはわたしの足を登り、肩を踏み台にしてスギの幹に跳びました。そして、幹を登っていきました。わたしはリスの臨機応変なものの使い方に驚きました。

　小屋にはスウェーデン製の重い薪《まき》ストーブを、親しくしていた山男に運びあげてもらいました。当時、ストーブを売る店がなく、東京・銀座の暖炉店でようやく見つけて最小のものを手に入れました。それでも山小屋には大きすぎる、緑の琺瑯《ほうろう》の美しいストーブでしたが、使ってみて多くを学びました。薪ストーブの暖かさは心地よく、山では梅雨時くらいまで必要とわかってきました。それにストーブは料理にも使えて、一年じゅう役に立つ、と知ったのです。

もちろん、どんな薪がよいかも調べることになり、薪の集めやすさも、機会があるたびに検討しました。そして、もっと山小屋の広さと薪の事情にあったストーブをつくりたくなりました。

このように、山では見ること、やることがたくさんあり、必要なことをしているとまた自然への関心が広がります。たくさんの知りたいことをほとんど同時に確かめながら、ことこまかにものごとを知ることができます。

わたしの山の暮らしのモットーは、なるべく毎日、なかよくしたい動物や植物や水、石、土などに会うことです。鉢植えの植物は毎日見て、世話することが大切です。日々見ることの積み重ねから、ある日気づいた、芽のかすかなふくらみの意味が見え、植物の暮らしがわかってきます。同じように自然も、日周期にしたがう暮らしのリズムで動いています。わたしたちは毎日見る、という行為によってのみ自然と親しくなれます。それに、意外な生きものと出会った偶然を大切にして、一部始終を見守ることです。そうすれば、いつかは自然のつながりを言葉にできる、と信じることができます。そして、こ

枝上の道をいくリス（3月）
リスの木の上の枝の道はルートが決まっています。おそらく木から木へわたるのにいい場所が限られるからでしょう。写真のリスは、枝につけられたほかのリスの臭いをかぎながら慎重に歩みを進めています

れらの原則は、山小屋の暮らしだけでなく、町の散歩にも通じることがわかります。

それに自然が教えてくれたことこまかな知識は、年月を経るうちに大きくひとつにまとまってきました。先にわたしは、山梨の山小屋で、リスがわたしの体をつたってスギの木に登った、と書きました。そのときわたしは、椅子をよせて腰かけているそのスギの木に、なぜリスは登っていったのか、見当がつきませんでした。

でも、リスと何年も親しんできた今は、リスは木の上の自分の道（リスの道）に登っていったのではないか、と想像できます。そのスギの木の幹は、池から森の高いところにある、リスの道に登ってい

カタクリ（羽越山、4月）
雑木林の縁でよく見かけます。左奥は谷川で ワサビの白い花が咲いています。4月はエンレイソウ、アズマイチゲ、イチリンソウなど、美しい花がたくさん咲いて林床を彩ります

クルミの花穂（5月）
クルミの雄花の花穂がのびました。5月は落葉樹の葉が開く季節です。クルミの花穂はとても目立ち、9月にさぞかしたくさんの実をつけるだろう、と期待させてくれます。雌花は美しい赤ですが、小さく目立ちません

くための登り道だった可能性が高い、とわたしは考えるようになりました。

この本で紹介する19の逸話は、ふたつの山小屋の暮らしから生まれました。町の逸話もありますが、わたしが山小屋から出かけた先の町で出会った動物の話です。

２０１２年４月

今泉　吉晴

わたしの山小屋日記〈春〉　目次

春――新生の季節　3

春の雪からあらわれた謎の物体　16
雑草が作物より美味なのはなぜ？　20
「チビちゃん」の命で輝く森　24
森の水がワサビを育てる土砂を運ぶ　28
古い果樹園を助け出す　32
わたしを信頼してくれている証拠　36
ムラサキケマンは食べつくされる？　40
鳥と人が気づき合って生まれる交流　44
森は自然の図書館です　48
砂煙上げて身をかくす　52

森の隙間の野菜畑レストラン　56
森の動物に会いにいく　60
自然の不思議に魅せられる　64
未確認飛行物体に出会っているかも　68
森に小さなお家をつくってみると　72
「しあわせ」いっぱいの春　76
野生動物の体形と動きの関係　80
谷間にはいいことがいっぱい　84
駅前レストランの美しい住人たち　88

生きものたちの、尊い春――あとがきにかえて　92
初出一覧　94

装幀・ブックデザイン　野村浩　N/T WORKS
カバー・本文写真　今泉吉晴（撮影者の表示のあるものを除く）

わたしの山小屋日記〈春〉

春の雪からあらわれた謎の物体

敵から身を守るモグラの知恵

　ほのかに緑に色づいた春の田んぼに雪が降りました。積もった雪は、ほんの3、4日で消えて再び薄い緑におおわれた田んぼの地表があらわれました。でも、田んぼに目を向けた人は、「あれっ、ちょっと変」と、思ったはずです。雪が降る前には薄い緑が田んぼ一面にきれいに広がっていたのに、今は1メートルおきくらいに、黒々としたかたまりがおかれています。

　何だろう、と近づいた人は、遠めに黒く見えたかたまりが、じつは茶色で、長さが20センチほどのまるく太い、土の棒とわかったでしょう。直径が4センチか5センチほどもあります。卵のだて巻きのような土の棒が、広い田んぼにころがっているのです。

春の雪が解けた草原に、細長い土のかたまりがあらわれました。この土のかたまりの下のトンネルの直径は５センチほどありました＝撮影・北垣憲仁

自然のシバ草原にあらわれたモグラ塚。わたしたちがふつう目にするモグラ塚は、小さな火山のような形です。モグラが地中にトンネルを掘って出た土を、地表に出るトンネルから押し上げて捨てた残土です

土の棒は危険ではなさそうです。近づいて、しゃがんで目をよせて見ると、土の棒の表面はでこぼこで、いつも泥遊びをしている人ならすぐに、土をこねてつくったものではない、とわかります。でも、土をこねもせずに、まるく太い棒にするなんて、だれにできるでしょうか？

これまでに見たすべての図鑑の絵や写真を思い起こし、どんな図鑑にも出ていない謎の物体だ、と思いきって結論しましょう。もしそうなら、自分で現場をよく見て、謎の物体の正体を明かすほかありません。

答えは字で書いてはないのですから、想像力を働かせます。現場には必ず、答えが見えてくる証拠があります。土の棒の延長線上の草が、まわりよりへこんで一本の線になっています。

雪の下の草の上を何者かが通りました。雪の下の通路とは何か、それは、積もった雪の下に掘られたトンネル、とは想像できないでしょうか？

雪の下に掘られたトンネル、それならそのトンネルは地面の下からあらわれたモグラが掘った、とさらに想像してみてもいいでしょう。そうだとしたら、雪の下のトンネルは地中のモグラのトンネルにつながっていなければなりません。

でも、田んぼの地表のどこにもモグラのトンネルの入り口は見えません。となったら、さらに想像力を働かせ、モグラのトンネルの入り口は、だれかが（モグラに決まっています）閉じたのだ、と頭をひらめかせればいいのです。閉じたトンネルの入り口、それは目の前にあるはずです。

土の棒の端のどちらかを指先で押してみましょう。土の扉が開いて、ぽっかりとトンネルの入り口が見えるでしょう。ここまできたら、あなたの想像力は、あらゆる動物学者の知恵を超えたといっていいのです。

田んぼに雪が積もったあと、モグラが顔を出し、雪の下にトンネルを掘りました。そして、地表の草の間にひそむ春の虫を捕らえたにちがいありません。そして、雪が消える前に、雪の下のトンネルに通じるすべての入り口を、地中からかきだした土でふさぎました。それが太く短い土の棒でした。つまり、土の棒は、雪が解けた後、地中のトンネルに敵を侵入させないための、モグラの生きるための知恵です。

雑草が作物より美味なのはなぜ？

雪解けとともに咲くナズナを味わう

　ある年の春、わたしはナズナの種を探して休耕田の畦《あぜ》をながめていました。ナズナは、種の鞘《さや》が三角形で三味線のバチに似ることから、ペンペングサとも呼ばれます。わたしは黄色く枯れはじめたナズナを見つけて、種の鞘がついた穂をしごいて、種を掌《てのひら》に採りました。

　ナズナの種はオレンジ色で砂のように細かく、１株で９６００粒もつくといいますから（平凡社『世界有用植物事典』）、十分な数の種がすぐ採れます。ナズナは正月に七草がゆにして食べる春の七草のひとつですが、わたしは畑の強靭《きょうじん》な雑草であるところに興味がありました。

　それにナズナは、秋の低温で芽生えて冬を越して春早くに花をつける越年草と図

畑にぎっしり生えたナズナ。小さな花穂を立てて花をつけました。葉は寒さにやけて褐色がかっていますが、茹《ゆ》でると濃い緑にかわります

花柄をのばして咲くナズナ。花の下方にあるのが種の鞘《さや》

鑑に書いてあります。でも、休耕田では春に芽生えて芝生のように美しく全面をおおい、初夏に花を咲かせて実をつけます。

昔は休耕田などなく、田んぼが空く冬に育つ越年草だったのでしょう。でも今は、1年を通して生えている草なのかもしれません。

わたしは臨機応変なナズナにいっそう関心をひかれ、ナズナと親しくなろうと、秋に山の畑にナズナの種を蒔《ま》いて、冬の間ずっとおひたしにしてふだんの食事に食べるつもりでした。

12月、1月とわたしはナズナの美味を楽しむうちに、面白いことに気づきました。わたしの山の畑には冬は毎日カモシカがやってきて、ブラックベリーの茂みで休みます。ついでに畑の作物や生け垣の木の葉を食べます。いちばん好きなのがツバキやマサキの葉、ついでコンフリー、そして、3番目がミズカケナ、ダイコン、カブなどで、ナズナは見向きもしませんでした。わたしはカラタチの棘《とげ》がついた小枝でツバキやマサキ、それにカブなどの野菜の葉を守ったのですが、それでもナズナは食べませんでした。

ところがわたしたちにはナズナは、どんな菜っ葉にくらべても歯触りが繊細で、味がしっかりして深みがあり、わずかな苦みに甘みもあって、驚くほど美味です。ただ、野菜にくらべて小さく、洗って根を取ったりして下ごしらえするのが面倒です。そこでわたしは「生薬では全草を使う」という漢方の言葉にヒントを得て、花がついたら葉、茎、根の全草を茹《ゆ》でて食べてみることにしました。

この冬は暖冬で、その機会は思ったより早く訪れました。暮れから1月にかけて積もった雪が2月に入って消えました。ナズナは雪が消えるそばから花穂をあげて小さな白い可憐《かれん》な花を咲かせました。わたしは土を落として全草を茹でて味わい、いっそう美味と知りました。

雑草が作物である菜っ葉より美味とは、品種改良とは体を大きくして味を散漫にしただけなのかと、驚きます。人間はもともと野生動物が食べない草（それゆえ、豊富にある草）を菜ものとして食べたのではないか、という菜ものの起源についての一説には説得力があります。

「チビちゃん」の命で輝く森

ムササビの赤ちゃんと暮らす

3月のこと。春一番の突風が吹きあれたつぎの日、わたしは山にハイキングに出かけた知人から道に落ちていたというムササビの赤ちゃんをもらいました。おそらく突風で高い木の上の巣から落ちたのでしょう。山のお母さんムササビにかえすのが一番ですが、正確な地点もわからない遠い山から連れてこられたムササビの赤ちゃんを、お母さんムササビに届けることはできませんでした。

もし、わたしがムササビの赤ちゃんを育てるとしたら、ペットにするのではなく、森で暮らせる一人前のムササビに育てなければ、山のお母さんムササビに申し訳が立ちません。わたしはムササビを健康に育てる自信はありました。しかし、森の暮らしをちゃんとムササビに教えられた人は、一人もいません。ムササビにカラスが

ミルクを飲んで、掌《てのひら》で眠りについたムササビの赤ちゃん＝撮影・北垣憲仁

袋がお気に入りの寝床で、掌で寝込んだチビちゃんを袋に入れると、そのまま眠りつづけました。４月２日に撮った写真で目が開いています＝撮影・北垣憲仁

危険であることを、あるいは天敵がいっぱいの森の地面を歩いてはいけないことを、だれが教えられるでしょうか？　教え方はだれも知らないうえ、教えなければならないことは10や20ではありません。何百とあるのです。

でも、とわたしは考えました。植物でも、毎日見ていれば、どうしてほしいかがわかります。ムササビの赤ちゃんも、きっと、どうしてほしいかをいってくれるでしょう。わたしはムササビの赤ちゃんがいなくていいという時のほかは、けっして離れず、いつでもいっしょにいるという方法で飼うことにしました。いやなことをいっさいしなければ、ムササビの赤ちゃんはすべてを自分で学んでいけるはず、と考えたのです。わたしはムササビの赤ちゃんを「チビちゃん」と名付けて、森の小屋でいっしょに暮らし始めました。

飼い始めて3カ月たった6月に、わたしは初めてチビちゃんを森に放しました。わたしを離れて森にどんどん入り、迷子になるようなことは絶対にないとわかったからです。森に放すとチビちゃんは、すぐに小屋の外でうんちとおしっこをすることを学びました。木の高いところでする方が気持ちよかったからでしょう。

7月に、わたしはチビちゃんを夕方に森に出し、あとはほうっておくことにしました。森の木から木へと自在に滑空し、朝には必ず小屋に帰ってくるとわかったからです。そのころ、チビちゃんは完ぺきな夜行性になって、明るさが嫌いでした。それで朝には必ず帰ったのです。同時に、昼間、大きな声で鳴くカラスなどの鳥を避けるようになりました。なぜなら、眠いときにうるさい動物をチビちゃんは嫌ったからです。

今ではチビちゃんは、森の木の上の巣を見つけ、そこで自分だけで暮らせます。でも、わたしが「チビちゃん」と呼ぶと飛んできて、木から木へと飛び、いっしょに散歩してくれます。そして、気が向くとわたしの肩にとまり、腕からぶら下がっては、鉄棒の前回りのようにぐるぐるまわって遊びます。

森の水がワサビを育てる土砂を運ぶ

石を組み合わせてワサビの池をつくる

青々とした森の木々が元気いっぱい、いっしょに遊びましょう、と誘っているかのようです。わたしは森の縁を飾るワサビの白い花をもっとよく見たくなり、近づきました。小川が森の縁の急斜面を滝になって畑に流れ落ちる岩場に十数株のワサビが白い十字の花を咲かせていました（ワサビは多年草で、わたしの庭にもよく生えています）。わたしはたくさんの花穂をつけた堂々たるワサビの株の間に、小さなワサビが1株、ひょろりと花穂をのばしているのに気づきました。

小さなワサビの株は、あまり土がない平たい岩に生えていました。もっと土がほしそうでした。暖かな季節の森の楽しみは水遊びです。わたしは「小さなワサビの株を真ん中にして石をぐるりと並べ、小さな池をつくろう」と思い立ちました。水

ワサビの小さな株を石で囲んでつくった小さな池

1週間で砂は池をほとんどうめて小さな石を隠しています。砂の上の黒っぽい帯は腐葉土の粒の集まり。ワサビは根をのばして砂と土をしっかり固めます

は滝から取り入れます。池に入った水は流れが弱くなって、運んできた砂や土を池の底に落とすでしょう。

わたしは握りこぶしふたつ分ほどの石を十数個、尾根で拾い、ワサビの株を囲むように置きました。石は一部を重ねて置いたり、石の輪の外側に接して置いて支えあうようにしたりしました。滝の縁の水の流れにかかるように大きな石を並べて、流れの一部を石の囲いに取り込みました。でも、水は石の輪の隙間《すきま》から流れ出て、少しも池らしくなりませんでした。

わたしは石の間の隙間を直径5センチほどの石でふさぎ、さらに小さな隙間を直径1～2センチの小石でふさいでいきました。すると、石の輪から流れ出る水が減って、水がたまり始め、直径30センチの池が姿をあらわしました。

わたしは池に力づけられ、石の隙間にもっともっと、と小石を入れました。隙間をうめるのに使った小石は300個を超えたでしょう。大きな石より小石が貴重でした。小石は谷川の底でよく見つかるので、わたしは何回も谷川に出かけ、そこでもつかの間の水遊びを楽しみました。でも、石で囲んだ池が十分に池らしくなり、水につかったワサビの葉の上に、水が運んだ砂がうっすらとかかったところで、池づくりの水遊びはお開きにしました。

まだ石の間から流れ出る水が多く、池の水位は堤を越えていませんが、あとは散歩のときや、畑仕事をしていて見つけた石や小石を運んで池の囲いに加え、じょうぶにし、水漏《も》れを少なくすればいい、と考えたのです。こうしてわたしは、その日一日のどんな作業にも石を拾うという池づくりの遊びの要素をつけ加えて、充実させることができました。

最高の喜びが翌朝やってきました。夜の間に池の水位が上がり、水が池の堤をつくる石を越えて流れ出ていました。水が運んだ砂と土が石の隙間をふさいで、水漏れをなくしたのです。わたしが寝ているうちに自然が働いて池を完成させました。

山は海風をとらえて雲から雨を受け取り、森の砂と土を水の流れにのせて海へかえしながら、多くの生きものに恵みを与えています。

古い果樹園を助け出す

山梨県都留市は、かつてウメやモモの産地で、山の谷あいにたくさんの果樹園があったということです。じっさい、今でも春になると山の森の木々の間から、ウメの白い花やモモのピンクの花が咲いているのが見えたりします。

果樹園を世話する人がいなくなり、果樹の多くがあとから生えてきた木や蔓《つる》の茂みにおおわれて、枯れました。でも、果樹が美しい花をつける春にだけ、まだ生きている果樹があるとわかるのです。

そこでわたしは、茂みを切り払い、ウメやモモなどの果樹を助け出してきました。元気を取り戻した果樹の花を楽しめるばかりではありません。ウメやモモがつける果実や種子は、リスや野ネズミの食物になるし、葉はオオミスジという美しいチョ

ズミは春に白い花をつけます。秋に色づいたズミの実をサルが食べています。20頭ほどの群れでやってきて食事をしながら移動していきます。クワの実も大好物でよく観察小屋の畑にきては食事をしています＝撮影・北垣憲仁

ゥの幼虫を育てます。もし、都留の山からウメやモモの木がなくなれば、ゆったりと飛ぶオオミスジの美しい姿も見られなくなるでしょう。

わたしはなかまの大学生といっしょに、カヤネズミの観察小屋がある日向山《ひなたやま》の茂みにおおわれた古い果樹園をまるごと助け出す仕事にとりかかりました。はじめに茂みを払って助け出したのは、大きなウメの木でした。つづいてモモの木を助け出しました。助け出すといっても、果樹をおおう木やクズやフジなどの蔓を取り払い、からみあった果樹の枝を間引いて風通しをよくするだけですが、春にはすばらしく元気になって、たくさんの花をつけました。

そこで、さらに茂みを切り開いていくと、何本ものクリの木があらわれました。カキやビワの木も見つかりました。キウイのつぶれた棚まであらわれました。やがて何十種もの果物がなる豊かな果樹園が再生するでしょう。

わたしたちが果樹園を再生させようとして働いている日向山は、リスや野ネズミばかりではなく、サルのすみかでもあります。30年前には日向山には一頭のサルもいませんでした。そこが、西の三《み》つ峠《とうげ》からサルの群れが移ってきて、今やサルの国になりました。

サルは日向山のすそを流れる柄杓流川《ひしゃくながしがわ》をわたり、対岸の畑に出かけます。そしてキュウリ、サツマイモ、ダイコンと、大きなものから小さなものまで食べます。そこでサルはみなの嫌われ者になりました。でも、わたしには動物が悪いとは考えられません。なるほどサルは、わたしたちが助けた果樹園がみのらせる果物も食べるでしょうし、じっさい食べています。でも、わたしはわたしたちの果樹園は、それでいいと思っています。

なぜなら、わたしたちが助け出したといっても、がんばって果実をみのらせたのは果樹です。太陽、大気、雨、土、それに切り払われた木や草が、果樹を手助けしました。それにサルは自分が好きな果物を選んで食べるだけで、ウメやモモの木を枯らしてオオミスジを絶滅させるようなことはけっしてしないでしょう。

わたしを信頼してくれている証拠

ムササビのチビちゃんのくつろぎ顔

もしかするとこの写真を見て、ムササビの赤ちゃんだ、と思える人はそう多くはないかもしれません。わたしもいきなり見せられたら、目をつぶり、左前脚をひたいにあてて、うっとりしているかのような表情に、これはおサルさんかな、と思うかもしれません。

でも、だらりとさげた右前脚のつめを見てください。先がするどくとがるかぎづめです。それにひたいにあてた左前脚は指が4本。そして、まんまるでりっぱなだんご鼻。後ろ脚の間にはまだ肌色がすけていますが、飛膜もあります。

こうなるともう、ムササビとしか考えられませんね。

春の嵐のような風の強い日に、山で拾われたムササビの赤ちゃんをもらい受け、

ミルクをたっぷりと飲んで満腹すると、遊ぶ前におしっこをしながらうっとりした表情を見せます＝撮影・北垣憲仁

「チビちゃん」と名付けて、いずれは森にかえしてあげたいと育てはじめてまだ日が浅いある日。わたしは暖かな日差しにさそわれて、チビちゃんを神社の境内につれていき、ミルクをあげました。

わたしは左手でチビちゃんの体をもち、右手でスポイトをつまみ、ミルクを吸いとって、チビちゃんの口に近づけます。チビちゃんはスポイトに吸いつき、じょうずにミルクを飲んでくれますが、ときどき、苦しそうに大きく口を開けてつっぱったり、四つの脚をはげしく動かしたりと、わたしにはすぐには理由がわからない行動をとることもあり、心配のタネはつきませんでした。

それでもわたしは四六時中、チビちゃんの近くで過ごしましたから、チビちゃんを病気にさせない自信がありましたし、一日のうちに見せるチビちゃんの行動や表情にはどんなものがあるか、すぐに理解できるようになりました。

そして、チビちゃんがミルクをいっぱい飲んで満腹したあとにおしっこをしながら見せる、このうっとりしているかのような表情こそ、チビちゃんがわたしを母親のようにしたって受け入れてくれている証拠と、見るようになったのです。

なぜ、そのようなよい意味をこの表情から読み取れるかというと……。

ミルクを飲んで満腹するとまもなくチビちゃんは、わたしの手の上でまるくなって寝てしまうのです（つまりチビちゃんはほとんどの時間を寝ているかミルクを飲んでいるかで過ごしていたのです）が、寝る前にほんの2、3分、遊ぶ時間がありました。

その貴重な目をさましている時間に、チビちゃんはおしっこをし、このようになかばまどろんでいるかのようにじっと過ごす時をもったのです。つまり、それはわたしがいることをふくめて「すべてに満足していますよ」と、人生のしあわせをつくづくと味わっている表情、と考えるよりほかないでしょう。

ムラサキケマンは食べつくされる？

もりもり食べて大きくなるウスバシロチョウ

　春の果樹園の下草はムラサキケマンでいっぱいです。ムラサキケマンはアブラナ（菜の花）とちょっと似ています。どちらも真冬に葉をのばし、養分を蓄えながら、じわじわと大きくなるすごい草。そこで、春になるとほかの草にさきがけて元気いっぱい、冬に蓄えた養分を使って大きな葉を四方に広げ、いっきに花穂の茎を高くのばして花をつけます。

　わたしは冬の2月から、果樹園の下に小さなムラサキケマンを見つけて、ウスバシロチョウの幼虫がひなたぼっこをしに葉に登っていないか、気をつけていたのですが、なかなか見つかりませんでした。4月に入ってすっかり大きくなったムラサキケマンが花穂の茎をのばしはじめると……、いました。体の両わきにオレンジの

ムラサキケマンの葉で休むウスバシロチョウの幼虫＝撮影・北垣憲仁

羽化したばかりのウスバシロチョウ。ゆっくりと飛びながら花の蜜を吸います＝撮影・北垣憲仁

ストライプを1本ずつつけた真っ黒な幼虫です。春なのに夏のような日差しの日なら、必ずウスバシロチョウの幼虫はムラサキケマンの葉か茎について、おいしそうにもりもりと食べていました（寒い日は根元の枯れ葉にもぐっています）。

暑い日差しで体を暖めながら、葉を食べるというウスバシロチョウの幼虫の食事は、わたしたち人間の食事にくらべて、はるかに充実した食事の楽しみになっているはずです。なぜなら、暖かくなった体の食物の消化能力は、体が冷えている時の何倍にも高まって、どんどん食物を消化して、体をずんずん大きくしていく感覚があるであろうからです。

もちろん、本当にそんな感じがあるかどうかは、幼虫に聞いてみないとわかりませんが、わたしたちがすっかり春らしくなったな、と思うころには、ひなたぼっこをじょうずにしながら早く成長したウスバシロチョウの幼虫は、さなぎになっています。4月の終わりから5月の初めにさなぎから羽化して、果樹園を飛ぶウスバシロチョウは、数ある美しいチョウの中でも際立った美しさです。ふわりふわりとゆっくり飛ぶ、半透明の白い羽が可憐《かれん》です。

さて、そこで問題です。

ムラサキケマンの葉をもりもり食べるウスバシロチョウの幼虫は、アブラナの葉をもりもり食べるモンシロチョウの幼虫と同じように「害虫」でしょうか？　ウスバシロチョウがいるとムラサキケマンは滅びるでしょうか？

わたしたちは、薮《やぶ》におおわれていた果樹園を、薮を払って救い出しました。すると薮におおわれて息も絶え絶えだったモモの木が元気を回復し、花をつけ、実をつけました。同じように薮で姿を消していたムラサキケマンが復活して、あっという間に増えました。そして、ウスバシロチョウの幼虫がムラサキケマンにつきました。ウスバシロチョウがいくらたくさん飛んでも、ムラサキケマンがなくなることはありませんでした。

でも、人が果樹園を放置し、薮にしてしまえば、小さな草であるムラサキケマンは姿を消し、ウスバシロチョウもいなくなります。食う食われるの関係は敵同士の関係ではありません。もっと別の力が食うものも、食われるものもいっしょに消すのです。

鳥と人が気づき合って生まれる交流

名捕手ヒヨドリのみごとなキャッチ

春の町の公園はギターをひいて歌う人、芸を見せる人もいて人でいっぱいでした。わたしは人込みをさけて池の橋をわたるうちに、向こう岸で水鳥と遊ぶ人の動きにひきつけられました。

カモやカイツブリが岸辺によっていて、パンを手にした人が2、3人、パンくずを投げると、水しぶきをあげてカモが捕りました。わたしがひきつけられたのは、遠くのカモに下手投げでパンくずを投げる人の動きで、踊りを踊るかのようでした。後ろの森からピィーヨ、ピィーヨとするどい鳴き声があがり、ヒヨドリが数羽ずつ飛び出て、岸辺に生える2本のヤナギの木の枝にとまりました。下手投げでパンくずを投げる人は、2本のヤナギの木の間にいたのですが、体の動きを大きくして

2羽のヒヨドリがひとつのパンくずを追って飛び立ち、そのうちの1羽がみごとにキャッチするまでの連続写真です。黒い点がパンくず

パンくずを高々と投げ上げました。

すると、2本のヤナギの枝にとまっていたヒヨドリの中からそれぞれ1羽が飛び立ち、さっと急降下して、落ちていくパンくずを追い、水面に落ちる前にくちばしでつまんで、森の木へと飛び去りました。

じつはわたしにはパンくずは見えていないのですが、投げる人と鳥たちの動きから、パンくずが飛んでいるとわかったのです。

わたしの山小屋の近くにもヒヨドリはいて、鳴き声を聞きます。でも、ヒヨドリの特徴は都会でこそ目立ちます。たとえば、早朝の駅舎にヒヨドリが飛び込んで、夜の間に蛍光灯の近くの壁にとまったガなどの昆虫を捕らえる姿を見かけますが、狭い駅舎の中を飛んでよく壁にぶつからないものだと、器用な飛び方に感心します。ヒヨドリは壁に近づくと体を立てて飛び、1カ所にとどまって空中に浮いていることができます。

ヒヨドリの飛び方の器用さが、公園の空に投げ上げられるパンくずを捕らえるのに役立っていました。

2羽のヒヨドリが投げられたひとつのパンくずを追って左右から急接近したとし

ましょう。1羽が先にパンくずを捕るのを見たもう1羽は、翼を大きく開いてブレーキをかけ、反転して衝突をさけます。パンくずを捕った1羽は、捕る前にすでに体を反転させる準備に入っていて、背面飛行でパンくずを捕らえると、急降下してもう1羽をかわしました。

パンくずを投げる人が下手投げをするのは、ヒヨドリの飛行の素晴らしさを見るためには、高くパンくずを投げ上げた方がよかったからでしょう。

じっさい、ヒヨドリは、野球の試合で高々と上がったキャッチャーフライを捕る捕手のように、体を立てて飛んで待ちながら、少し動いてパンくずが落ちてくる場所を正確に見定めて捕らえたりしました。それに、ヒヨドリは、パンくずを投げる人が下手投げの姿勢を見せただけで、ヤナギの木の枝から飛び立つ姿勢に入っていて、人の動作を読んでいました。

お互いの気づきが人と動物の心を近づけ、交流の世界が生まれていました。

森は自然の図書館です

スジボソヤマキチョウが導くクロウメモドキ

　わたしは動物学が好きですが、生きものの分類学が苦手です。たとえば、モグラとネズミはどこが違うのか、どこで区別できるか、ということを研究するのが分類学です。ネズミは前歯が2本なのが特徴、モグラは6本かそれ以上なのが特徴、だから姿が似ていても、歯を見れば区別できるよ、と教えてくれるのが分類学です。

　でも、のんびり者のわたしは数を数えたりするのは好きではなく、モグラの歯を見て年齢を知る研究をしたこともあるのですが、歯の数は数えたことがほとんどありません。モグラとネズミは見た感じで区別しています。

　そんなわたしを力づけてくれるのが、春に雑木林をひらひらと飛ぶスジボソヤマキチョウです。わたしは中学1年生の春に、上級生の親友に連れられて旧甲州街道

枝のまわりをひらひらと飛ぶスジボソヤマキチョウの雌。芽が大きくふくらんだ手前の枝がクロウメモドキです（背後の枝はエノキ）

スジボソヤマキチョウは、強い風が吹くと地面に下り、枯れ葉にとまり、横にふせます。すると、羽は枯れ葉そっくりで、遠目には消えたように見えます

が通る小仏峠《こぼとけ》に出かけ、尾根ぞいの雑木林に入って、この木がクロウメモドキという植物だ、と教えてもらいました。

モドキなんて変な名前とは思いましたが、美しいスジボソヤマキチョウが卵を産み、かえった幼虫が葉を食べる、と聞いてほれぼれとクロウメモドキを見ました。

スジボソヤマキチョウは、たくさんの山の木の中から、クロウメモドキを区別して、卵を産むのですが、学者がいう特徴は見ないでしょうし、変な名前もつけないでしょう。

わたしは大学生のころにいろいろな山に登ってモグラやネズミを調べたのですが、クロウメモドキを見た記憶がありません。たぶんモグラやネズミの調査に忙しくて、クロウメモドキをさがすひまがなかったのでしょう。ところが、東京都から山梨県に移り住んで、森を手に入れ、世話をするうちに一本の木を見て、あっ、クロウメモドキだ、と自分が子どものころに見た木に出会ったことを知って感動しました。わたしはその木を一目見て、クロウメモドキとわかり、分類学者のように生きものを見なくても、わかるのだと知ったのです。

それからというものわたしは毎年、春にはクロウメモドキのもとを訪れます。わたしは、その木が確かにクロウメモドキかは調べていないのですが、スジボソヤマキチョウがやってくるのだから、間違いないと信じています。

スジボソヤマキチョウは風にのってクロウメモドキのまわりを飛び、ときどき、小枝にとまって緑の芽に卵を産みます。風が強く吹くと、さっと、地面に下りて、枯れ葉にとまり、横にふせて日光浴します。そして、また、ひらひらと木の枝の間を飛んで、クロウメモドキを見つけます。

わたしはスジボソヤマキチョウがクロウメモドキにとまって卵を産むたびに、うん、確かにクロウメモドキだ、クロウメモドキは春一番に緑の芽を出し、スジボソヤマキチョウをさそうのだ、と思うのです。

わたしにとってのクロウメモドキの特徴は、スジボソヤマキチョウがよく知っている植物、ということになります。

砂煙上げて身をかくす

池にあらわれたイワナのクレーター

わたしの山の家の前にある池は、15年前には深かったのですが、谷川から水を分けて、小川をつくって引いた水が運ぶ砂でうまり、いまや陸になったところさえあります。谷川の水は、飲んでおいしい澄んだ水ですが、コップの底に少し砂が残ります。その砂が森の豊かな肥料分を含んで池にたえず流れ込んでいる、というわけです。

池の岸辺にはワサビ、浅瀬にはクレソンの薄い緑の葉がしげり、陸になった湿地にはツリフネソウが赤紫や黄色の花を咲かせています。

その浅くなった池の水底に、ある春、まるく大きいクレーター（穴）が出現しました。直径が60～70センチほどもある、切り立った縁の深い穴で、黒々として底な

クレーターからにごった噴煙がぼんぼんと上がっています＝写真上＝が、イワナの姿は見えません。イワナがいつも通るルートの池の底が少しくぼんで道のようになっています＝同下

しのようです。何者かが潜んでいるかもしれず、池を泳ぐカエルはさぞかし怖いだろう、とわたしは思いました。

クレーターに気づいてから何日かしてわたしは、クレーターの底から噴煙が上がるのを見ました。噴煙といっても水の中ですから砂煙のにごりですが、どどっとキノコ雲のような砂煙がつぎつぎに立ちのぼり、穴の全体を満たすとあふれ出て、周囲に広がりました。

なぜ、クレーターができて、噴煙が立ちのぼるのか、わたしも考えました。池の底に水漏れの穴ができ、大きくなったとも考えられます。でも、そうなら池の水がなくなるでしょう。

わたしは、ある日、噴煙が立ちのぼるのを見てふと思いついたことがあり、そっと腰を下ろすと、噴煙がおさまるのを待ちました。水が澄んでも変わりはなく、わたしはさらに30分ほどもじっと待ちました。

すると、クレーターの底からふっと大きな魚の頭が浮かんできました。わたしは、「おお、池の主だ」と喜びの声をあげました。1匹、2匹、3匹と同じくらいの30センチの大イワナが同じ方向を向いて浮かびました。そして、1匹が少し低いクレーターの縁に向かい、池の底すれすれの深さでゆっくり穴を出ました。ほかの2匹がつづき、池の縁へと進みました。そして、岸の手前でUターンし、行きと同じ筋をもどりクレーターに入りました。クレーターは3匹のイワナの巣でした。

それからというもの、わたしは池に近づくたびにきらりと身をひるがえして矢のように水中を進むイワナが、クレーターに飛び込むのを見るようになりました。そして、わたしに驚いてクレーターに逃げ帰ったイワナは、その中をぐるぐると激しく泳ぎまわって砂煙を上げるのでした。わたしは、イワナはクレーターの底深くに身をかくそうとして、土砂をはねとばし噴煙を上げてクレーターを深くしているのだと理解しました。

どんな野生動物も、自分の行動範囲の中心にくつろぐ場所を持つ、といわれますが、イワナは、その場所を自分で掘ってつくる場合がある、ということになります。

森の隙間の野菜畑レストラン

ダイコンの花を訪れるチョウ

ある冬、わたしの山小屋の近くの森の、マツの大木が倒れて、森にぽっかり隙間《すきま》ができました。その森の隙間に、わたしは山の畑をつくりました。ダイコン、カブ、ニンジンなどを植えて、野菜畑をつくったのです。これらの野菜は春に、緑の茎をのばして、花を咲かせます。野菜畑は、楽しいお花畑になるでしょう。わたしは、庭の花壇にチューリップの球根を植え込むのと同じ気持ちで、山の畑にダイコンなどの野菜を植え込みました。

わたしが山のお花畑に植え込んだのは、八百屋さんで買ったダイコンやカブなどで、食品として売られているものです。わたしの山小屋の近くは、冬には地面が硬く凍り付きます。そんな冷え込む場所にダイコンなどを植えても、凍ってしまい、

森につくった畑にダイコンを植えました。その花にさっそくツマキチョウがやってきました＝撮影・北垣憲仁

霜げて枯れるだろう、と心配する人もいました。

でも、森で囲まれた地面は、吹きさらしの畑ほどは冷えません。それに、近くの森に豊富にある落ち葉でおおって、凍らないように守ることもできます。わたしは落ち葉を集め、植えたダイコンなどを30センチ以上も厚くおおいました。

その山の畑ですが、霜げて枯れずに、本当にお花畑になったでしょうか？

3月、そっと落ち葉をかきわけて見ると、野菜たちはみな、鮮やかな緑の葉をつけ始めていました。4月、どんどんと緑の茎をのばしました。そして、5月、みごと、お花畑に変わりました！

八百屋さんやスーパー・マーケットの野菜コーナーに置かれていたダイコンやニンジンなどが、元気いっぱいに1メートル以上の、びっくりするほどの大きさと高さに生長し、無数の白や薄緑の美しい花を咲かせました。

さて、白や薄緑の美しい花は、だれのために咲いたのでしょうか？

もちろん、山の昆虫たちのために咲きました。わたしは畑の世話をしながら、大好きなツマキチョウ、それに、コミスジ、オナガアゲハ、ウスバシロチョウなどの色鮮やかなチョウが、野菜の花を訪れる姿を楽しみました。マツの大木が倒れて、森にぽっかり空いた隙間は、5月になって真上から差し込む太陽の光を受けて、明るく輝き、暖かくて過ごしやすいチョウたちのレストランになったのです。

わたしは今、地面からにょっきりと蔓《つる》をのばすヤマイモに添え木をして、上へ上へとのびられるように世話をしています。ダイコンをおおう落ち葉の下にはミミズが集まっていることでしょう。畑を囲むマツの丸太の下には、ミミズを捕らえにやってくるヒミズやモグラのトンネルが掘られるでしょう。

わたしの山小屋がある場所は、昔、村の人たちが野菜をつくった畑のあとです。わたしも同じように畑をつくって、かつて村の人たちがどんな動物たちと出会い、楽しんでいたか、確かめています。

森の動物に会いにいく

ムササビのまんまるな顔

森の動物に会いにいったことはありますか?

動物園の動物とか、友だちが飼っているペットに会いにいく、というのなら予定がたてられます。でも、森の動物に会うのは、難しいような気が、わたしもしました。どうしたら、いつ会えるか、考えても、見当がつきません。考えているうちに10年くらいはたってしまいました。これは実行あるのみ、ともかく会いにいってみよう……。

会えそうな気がしたのはムササビでした。

ある日、太いスギの大木が生えた森の斜面を登っていくうちに、いかにもムササビがすんでいそうなまるい穴が幹に開いたスギの木を見つけました。夕方、そのス

まるい穴からムササビがまるい顔を出しています。まるい穴はスギの幹に開いた穴のようですが、じつは巣箱です。製材所から穴が開いていて使われなかったスギの木の一部をもらってきて、巣箱にしました（その木が森に生えていたときにはムササビが巣に使っていたはずです)。その巣箱を森にかけたところ、ムササビが巣に使ってくれました＝撮影・小口尚良

ギの木から少し離れた大きな石の上に座って、穴からムササビが出てくるかも、とじっと待っていました。すると、ふっとまるい穴の中で何かが動きました。

懐中電灯の光をそっと向けると、ピカーと金色にふたつの目が光りました。まんまるな顔、ほほが白です。これはもうムササビに違いない、と思いました。その日はそれだけでとてもうれしかったので、もう十分、ムササビを驚かせてはいけないと、帰りました。

あとでだんだんわかってきたのですが、直径が8〜10センチのまるい穴があいていたら、それはもう、ムササビがすんでいるか、すんでいた証拠です。

動物に会うにはじっとしていることも大切。フリーズ（凍りついたように動かない）なら最高です。フリーズして立っていたら、なんだか変な木、と好奇心を刺激されたのでしょう。ふわりと飛んだムササビが着地してくれたこともありますし、リスが登ってきてくれたこともあります。

それからずっとたって、わたしは小さな森を手に入れました。山小屋を建てようと、土台をつくった夕方、一人でたき火をたいて休んでいました。と、すぐ近くの木のこずえに、1頭のムササビがいて、こちらを見ているのに気づきました。近くにムササビがすめそうな大きな木は1本もありません。どこか離れた木にすむムササビが、最近、森におかしな動物がすみついたようだ、と気になったのでしょう、夕方、巣を出てすぐに調べにきたのです。森の動物に会えるのは、おたがいの好奇心のため、ともいえます。

わたしは、何本かの木を選ぶと、大急ぎで、大きく育ってくれるように、まわりの木を間伐し、ムササビがすんでくれそうな大きな巣箱をかけました。森こそ、動物に会う方法をどんどんと教えてくれる、最高の図書館でした。

自然の不思議に魅せられる

猟師だからこそ知るヒミズのヒミツ

子どものころ、わたしは漁師であり、猟師でした。初めての漁はオタマジャクシ漁だったでしょう。ある春の日、近くのどぶ川をのぞくと、無数のオタマジャクシが流れていました。わたしはオタマジャクシを網ですくい、ガラスの瓶に入れたのです。

漁師（猟師）は日ごとに遠く、広く、漁に出ます。わたしも、近くは東京・杉並の善福寺川で橋げたの下に潜りこんでザリガニをつり、遠くは埼玉県に接した清瀬の丘でエノキの大木を探してオオムラサキの幼虫を捕らえました。そして、数十個のワナを持って、遠くの山にネズミやモグラを捕りに出た中学生のころには、立派なワナ猟師になっていたのでしょう。わたしは、猟師だからこそ知る自然の不思議

山小屋に登る小径のわきにヒミズが落ちていました。白く見えている小さな歯は門歯で、乳歯です。巣立ったばかりのヒミズです

ヒミズはモグラと違い、トンネルからよく顔を出します。この写真では黒い点のような目が見えます。皮膚がかぶっていて、外界の像をとらえることはできません

に魅せられていました。

　オタマジャクシはなぜ川を流れ下るのか、不思議でした。どこからやってきて、どこにいくのでしょう？　高尾山の小さな岩場にはカゲネズミがいました。なぜ、岩場にはカゲネズミなのでしょう。そのような不思議のひとつに、山道の脇によく落ちているヒミズ（小さなモグラの一種）がありました。わたしはつややかなヒミズの黒い毛に見入り、なぜ、地中にすむヒミズが、地表に出て死んでいるのか、不思議でした。

　都留の山小屋にすむようになって、毎日、同じ山道を歩くようになり、落ちているヒミズは、春にとても多くなると知りました。1日に4匹も拾うことがあったのです。わたしはヒミズの年齢を知る方法をあみだし、落ちているヒミズの大多数は若者だと知りました。それに、拾ったヒミズを剥製《はくせい》にしていて、厚い皮膚の下に大出血しているのを知りました。

　これも猟師の知る不思議のひとつですが、動物によって皮膚の厚さが違います。ノウサギの皮は紙のように薄いのに、ヒミズの皮はとても厚くじょうぶです。それでヒミズは皮に傷がないように見えて、皮膚の下に骨も砕ける致命傷を負っているのでした。

　ヒミズに致命傷を負わせたのはキツネです。キツネは人が通る山道を巡回して、ネズミを捕らえます。でも、夜、カサコソいう音をたよりにするために、ヒミズかネズミかは区別できません。捕らえておいしくないヒミズと知り、捨てるのです。

　でも、なぜ若いヒミズばかり捕まるのか、それは人が山道を歩いて、土を踏み固めるからです。若いヒミズはミミズを求めて山道の近くにやってきます。道の近くは土が硬く、モグラのトンネルが少なく、ミミズが多いのです。でも、ヒミズは土が硬くて地表近くに出てしまい、キツネに襲われます。ヒミズも経験を積んで山道の怖さを知るのですが、それには、キツネの足音を恐れる野性の感覚をみがかなければなりません。

　人は自分がつくった山道のためにヒミズが死ぬことになるのに、ただ不思議だと思ってきたのです。

未確認飛行物体に出会っているかも

オヒキコウモリが飛ぶ宵

スギの森で、木の上の巣から顔を出したムササビの親子を観察していた時のことです。

静かな森のノバラの茂みから、ギィ、ギィ、ギィと、動物の鳴き声が聞こえてきました。ヒミズが地中のトンネルで出会って、あいさつしている声です。と、夜空にキン、キン、キンと、するどい金属音に似た鳴き声を響かせて、森の上空を接近してくるものがいます。だれも正体を確かめた専門家はなく、厳密には未確認飛行物体というべき謎の存在ですが、動物であることは間違いなく、わたしは希少な種、オヒキコウモリと確信しています。

木の上にはムササビの親子、地中にはヒミズ、そして空中にはオヒキコウモリと

高空を高速で飛ぶオヒキコウモリ

は、なんと豊かな森であることよ、とわたしは、動物たちとともに過ごす夕方のひとときを、しばし楽しみました。すでに、宵闇《よいやみ》せまる森では、夜空を飛ぶオヒキコウモリの姿を認めることはできません。でも、たえず、キン、キン、キンと、するどい音を発して飛行するために、オヒキコウモリのおおよその飛行の範囲は知ることができます。オヒキコウモリの声は谷の方から聞こえてきて、しだいに音量を高めると、わたしの上空で旋回して、再び谷の方へと向かい、鳴き声が聞こえなくなり、そしてしばらく間をおいて、また、谷の方から接近してきます。

コウモリ類はふつう、超音波を発して、それが昆虫の体にぶつかって反響してくる音を聞いて、昆虫のありかを知って捕らえて暮らしている、といわれます。超音波ですから、ふつうコウモリの鳴き声は人間の耳には聞こえません。ところが、オヒキコウモリは人の耳にはっきりと聞こえる可聴音で、ガなどの昆虫を捕らえます。ですから、日本にすむコウモリ類の中で、もっともよく知られていてしかるべきなのに、最近まで、ほとんどその存在を知られていませんでした。それは動物学者が不思議な鳴き声に関心を持たず、採集して確認するという研究方法にたよりすぎたためでした。高い空を飛ぶため、ほんの数頭しか採集されておらず、南の国から台風にのって日本に迷い込んでくるのだ、という説を発表した動物学者もいたくらいです。

でも、読者のみなさんは、すでにオヒキコウモリの声を聞いているかもしれません。5月は特に、オヒキコウモリが低く飛ぶ季節です。ナイターの球場で観戦していて、あるいは、夕方のグラウンドで練習していて、キン、キン、キンと耳に残る印象的な声を、いつだったか聞いたことがある、という人はすでにUFO、オヒキコウモリに出会っているのです。

森に小さなお家をつくってみると

ある日、モモンガが隣人に

森の木に小さな巣箱をかけてみた、としましょう。どんな人にすんでもらいたいと思いますか？　小鳥さん？　野ネズミさん？　それともヤマネさん？

わたしが巣箱をかけるのは、こんな形の巣箱だったら、いったいだれが気に入ってくれるだろうか、という期待と発見の楽しみになるからです。

出入り口をうんと小さくしたら、だれが入るでしょうか？

出入り口を前ではなく、裏につけてみたら、どうなるでしょうか？

ある日うんと細長い巣箱をつくってみました。これを縦にスギの木の幹にかけました。縦に長い巣箱です。残念ながら、ずっとだれも入りませんでした。ある日、強い風が吹いて、縦にかけた細長い巣箱が横になっていました。つまり自然に縦長

子育て中のお母さんモモンガが、大きな目で外の様子を見ています＝撮影・北垣憲仁

モモンガがすんでいるのは、植えて 60 年くらいのスギ林です。背後に明るく見えているのはミズナラの雑木林です

の巣箱が横長の巣箱に変化したのです。そして、しばらくして、ある夜、ふと見ると大きな目がふたつくっつきそうに並んで光っています。

大きな目がふたつくっつきそうに並ぶ小さな動物？　いったいだれでしょうか？　巣箱を出たその小さな動物は、スギの木をするするとかけ登ると、ぱっと滑空しました。

おお、なんとモモンガです。

この地方では初めて目にするモモンガです。でも、なぜ、モモンガが、横に長い巣箱が気に入ったのか、そのわけはわかりませんでした。

それからしばらくしたある夜のこと、いつものモモンガが巣箱を出ると、もう一人、モモンガが顔を出し、そのモモンガも巣箱を出てきました。と、さらにもう一人、モモンガが顔を出し、そして、そのモモンガも巣箱を出てきました。と、さらにもう一人、モモンガが顔を出し、そして、そのモモンガも巣箱を出てきました。こうしてぞろぞろと、最初の少し大きなモモンガにつづいてなんと5人もの少し小さなモモンガが巣箱から出ました。最初にすみついたモモンガはお母さんモモンガ、横に細長い巣箱で子どもを育てていたのでした。

モモンガはムササビと違って子だくさん。横に広い巣箱が好きだとしても、少しも不思議はありません。それに動物の子どもは少し大きくなると遊びが大好きになります。横長の巣箱、それはお母さんモモンガにとって巣箱の中に、遊びのスペースがある、とてもうれしい設計の巣箱だったのかもしれません。

「しあわせ」いっぱいの春

壁の中で育つヒメネズミの赤ちゃん

ギューピュー、ギューピュー、新緑の森に聞き慣れない鳴き声がひびきました。わたしは、小鳥の鳴き声かな、と思いました。でも、20分たっても、同じ鳴き声が続いています。

うーん、これは変だ、とさすがに鈍い人間の代表であるわたしも感じました。耳をそばだてて聞くうちに、ギューピュー声は、スギの木の上につけたムササビの巣箱から聞こえている、とわかりました。そして、聞いたことのある鳴き声だぞ、とようやく思い起こしました。あのテンの子どもの、大きな鳴き声ではないか……。そうです。わたしは一瞬のうちに理解しました。テンがムササビを追い出して、巣箱を占領し、そして、子どもを産んだのです。

カメラのストロボの光に驚き、ジャンプする親指ほどの大きさのヒメネズミの子ども。後半身の濃い灰色の毛が小さな子どものヒメネズミの特徴です。頭部の毛色は、茶色のおとなの体色にかわっています＝撮影・北垣憲仁

小屋の前の池は、アカガエルの子どもであるオタマジャクシでいっぱい。スギの木の下に生えるクロウメモドキは、スジボソヤマキチョウの幼虫でいっぱい。春の森は、どこもかしこも、動物の赤ちゃんでいっぱいです。わたしは近くで、動物の赤ちゃんが育つ気配がしていると、しあわせな気持ちになります。それも、近ければ近いほどいいのです。

そこでですが、わたしの小屋には、テンの赤ちゃんの少し先輩の赤ちゃんがすんでいます。壁の中から、10日ほど前まで毎日、かぼそいピーピーピーッという鳴き声が、聞こえていました。では、ピーピー声は何の赤ちゃんでしょうか？　森の中の家で、春に、かぼそいピーピー声が聞こえたら、それはヒメネズミの赤ちゃんと思って間違いありません。ヒメネズミの赤ちゃんは生まれて最初の4日間だけ、お母さんネズミにあまえて鳴きました。

では、鳴かなくなって今日までの10日間ほど、赤ちゃんヒメネズミは何をしていたでしょうか？　少しだけお母さんネズミから自立して、いっしょに生まれた4匹か5匹の子どもどうしで、おたがいに下になろうともぐりっこしていました。何のためかというと、もぐりっこしていれば、ひとつのだんごになっていられます。だんごになっていれば、お母さんの助けがなくても、巣から落ちないですむでしょう。

　もぐりっこしている間に、赤ちゃんヒメネズミの手の指が開き、ついで耳が立ち、そして目が開きました。もう赤ちゃんではない、立派な子どもに育ったといえるでしょう。ヒメネズミの子どもはもぐりっこをやめ、探検に出ます。小屋の土台の隙《すき》間《ま》から数十歩、森に探検に出ました。そして、石のコケの上を走りました。とたんに目もくらむストロボの光に、びっくりしたヒメネズミの子どもはぴょんと跳びました。さあ、これで方向を見失わずに、自分の巣にもどれたら、探検は大成功。あの閃光《せんこう》は心配しなくてだいじょうぶ、跳べば危険ではないと、理解するのです。

　大きな鳴き声でお母さんにあまえるテンの赤ちゃんが、森に獲物を求めて狩りに出るころには、ヒメネズミの子どもは森の暮らしの達人になっていることでしょう。

野生動物の体形と動きの関係

慌てたテンの着地姿は……

テンは胴が長くて、足が短いというと、かっこ悪い、と思われるかもしれませんが、そんなことはありません。わたしは野生動物を見て、かっこ悪いと感じたことはあまりないような気がします。どんなプロポーションでも、美しいと感心します。なぜでしょうか？　野生動物は、自分の体にぴったりの美しい動きしかしないからでしょう。

テンは時に、わたしの小屋の小枝置き場の中か、近くの木にかけたムササビの巣箱をすみかにしました。そして、夜暗くなって出かけ、夜が明けぬうちに、闇をぬって帰りました。長い胴をヘビのようにくねらせて、藪《やぶ》の隙間《すきま》をぬけてくるので、いつも突然、姿を見せました。

観察小屋の前を流れる沢にやってきた冬毛のテンです。背中に傷がありましたが、どうしてできたのかはわかりません。沢をつたって頻繁に小屋の前を通り過ぎていきます＝撮影・北垣憲仁

沢にある石の上でテンのふんを見つけました。長さ４センチほどで、動物の骨も混じっていました。石や倒木の上など目立つところでよく見つかります＝撮影・北垣憲仁

テンが近くにいる間は、木登りをよく見ました。木の幹に取りつくと、短い足で木の幹をかかえてしっかり体を支え、長い胴を弓なりにしてぴょんぴょんと登りました。木登りなら、テンが一番でしょう。テンはリスをおもな獲物にしている、といわれますが、なるほど、長い胴を使った一歩一歩の跳び幅が大きく、身軽なリスもかないません。

でも、わたしはテンがリスを襲う場面を見ていません。わたしの森では、テンが姿をあらわすと、ムササビが巣箱から姿を消します。わたしが飼っていたチビちゃんという名のムササビは、わたしの小屋の棚につくった巣か、近くの巣箱にすんでいたのですが、テンが姿をあらわすと、小屋にも巣箱にも入らず、スギの木の枝にとまって、昼を過ごしました。枝上なら得意の滑空で逃げられるからでしょう。

わたしは、山小屋にすみついている動物を、驚かしたくありません。ただ、そっとしておくだけです。それでも、ミューミューという鳴き声がして、ああ、テンが赤ちゃんを育てているのだ、とわかったりします。

赤ちゃんが生まれると、テンのお母さんは昼間も出かけます。ある日、巣箱の下で池の手入れをしていると、お母さんテンが巣箱から顔をのぞかせ、わたしを見ました。そして、木の幹の、わたしからは見えない側から枝に移り、森へと出かけようとしました。わたしは、あれっ、近くにわたしがいても平気で巣箱を出るのだ、と驚きました。

でも、テンは枝の上に出て、わたしから見えて「しまった。巣を出るんじゃなかった」と、思ったようです。巣にもどろうか進もうか、とまどったようでした。でも、もう見られたのだからしかたない、出かけようと、テンは枝上を進みました。でも、いつもなら、枝から枝へと上に登ってから、隣の木の枝に移るのに、同じ枝を進んで枝先に出ました。そこからは地面に飛び下りるほかありません。高さは3メートルはありました。

わたしは、テンが地面にかっこうよく、美しく飛び下りる姿が見られる、とじっとしていました。でも、テンは長い胴を横にしたまま、力なく飛び下りて、地面にほぼ同時に四つ足をついただけでした。弓なりになったお腹《なか》が先に地面にふれ、わたしは「おお、かっこ悪」と思いました。でも、それはわたしがいて、慌てたためだったのでしょう。いや、かっこ悪かったからこそ、わたしはテンが慌てていた、と察知したのです。

谷間にはいいことがいっぱい

ヤマアカガエル飛び込む　水の音

　わたしの山小屋はせまい谷間にあります。なぜ、わざわざ谷底のこんな暗いところに小屋を建てたの、と人は聞きます。でも、谷底にはいいところがたくさんあります。木、石、落ち葉と、ものが簡単に手に入ります。斜面を落とせば何でも有効活用できるのです。労力がほとんどいらず、便利だと思いませんか？

　もっと便利なのが水です。小屋の上手、10メートルほどに、地面がしめったところがありました。谷間なればこそです。地元の人によると、このあたりに昔、小さな池があったというので、「ここ掘れワンワン」とばかりにスコップで穴を掘ると、水が湧《わ》きだしました。どんどん掘り進めて、幅5メートル、奥行き2メートル、深さ70センチほどの池にして、まわりを石積みで固めました。

水面を波立たせて鳴くヤマアカガエル

卵塊についた藻類にオタマジャクシがむらがっています

池が完成してまもなく、斜面の森をリスが下りてきて、小屋の前をぴょんぴょんと跳び、石づたいに池に下りると、石からぶら下がって、水を飲んでいきました。すぐに、ヤマガラ、シジュウカラなどの小鳥が水浴びにやってくるようになりました。夏にはサンコウチョウがやってきて、高い木の枝から、長い尾の羽をひらひらさせながら舞い下りて、水面にポチャンとつっこむと、ぱっと舞い上がる、というみごとな水浴びを見せてくれました。カゲロウの幼虫があらわれ、オニヤンマがやってきました。

小屋を建てた翌春、ヤマアカガエルとヒキガエルがやってきて、たくさんの卵を産みました。どんな種類のカエルがきたかは、鳴き声でわかりました。つぎの年にはアマガエルが加わり、カエルの合唱ががぜんにぎやかになりました。

5年たってシュレーゲルアオガエルが加わりました。のんびりしたリズムの声量のある歌声が谷間に鳴りわたりました。そして、十数年たって、石積みの間から、かぼそいタゴガエルの歌声が聞こえてきました。

そこでですが、「古池や蛙《かわず》飛び込む水の音」の句。この水の音を立てているのは、どんな種類のカエルだと思いますか？

わたしの池が古池になったのは池を掘って7〜8年たってからです。池が土砂でうまって、水深が浅くなりました。それが「古池」です。そして、春に水が温まりやすくなります。すると、わが古池の浅瀬はヤマアカガエルでいっぱいになりました。そして、ポッチャ、ポッチャ、とカエル同士が追いかけあって水に飛び込む音が始終聞こえるようになったのです。

わたしはそうした時のほかに、カエルが池に飛び込む音は、まず聞いたことがありません。というわけで、わたしの古池に飛び込んで水の音を立てるカエルは、ヤマアカガエルです。それもたくさんのカエルが鳴き交わして、にぎやかにポッチャ、ポッチャ、と立てる音なのです。

駅前レストランの美しい住人たち

町のツバメの知恵を探る

わたしが散歩で立ち寄る駅前のレストランを囲んで、美しい生きものの町ができています。お店のまわりがハーブや草花の小さな植え込みになっているのですが、雑草も参加して植物の自然な共同体が生まれているのです。

わたしは中でも目立たない植え込み、たとえば入り口近くの石段の下に生える丈の低い、芝より小さな草たちを見るのが好きです。それらの草たちから、お店に出入りする大勢の人が踏まないわずかな石の隙間《すきま》に生える知恵を感じ取ることができるからです。草たちに目を配るお店の主人の姿勢までわかってきます。それらの全体がレストランの美しい額縁になっているのです。

春のある日の夕方のこと、窓の前にのびる植え込みのバラの赤い花をレストラン

レストラン前のバラの茎にとまって夜を過ごすツバメ。どんな場所に安全を見いだすかは、動物の優れた直感的な理解の能力のあらわれといえます

からもれるあかりが照らしていました。わたしは花にひきよせられて植え込みに近づき、目をバラの茎に移して、夜の眠りにつこうとしている若いツバメに気づきました。ツバメは風にゆれる茎にとまって、羽づくろいをしていました。

植え込みといっても、奥行きが数十センチしかなく、あとは人と車が行き来する駅前広場のアスファルトです。わたしは目の高さのバラの茎にとまってくつろぐ若いツバメの落ち着いた様子に驚きましたが、すぐに、このツバメもわたしと同じように、レストランのまわりを囲む植物の町が、くつろげる安全な場所とわかっている、と思いました。

わかる、とはどういうことでしょうか。

この場合は試験の問題に答える知識とは違います。ふつうの知識からなら、人通りの多い、コンクリートやアスファルトだらけの場所は、あぶない場所という一般的な判断になるでしょう。ところがじっさいに見ていると、そんな場所にも天国があるとわかります。わたしはわずかの草しか生えていない石段の下を見るうちに、生き生きした草たちの様子から、そこが行き交う人の足から守られた天国と知りました。それは草たちが教えてくれた雑草の生きざまでした。

危険を感じたらいつでも飛んで逃げることができるツバメは、わたしたちとは違うものの見方をしているでしょう。でも、わたしとまったく違うとも思えません。じっさい、自分が知っている世界の中では植え込みのバラの茎がいちばんくつろいでいい場所だと、判断しています。あたりの様子を時間をかけてよく見て、ここしかないと判断したに違いなく、わたしも共感できる的確な選択です。わたしは、ツバメはレストランのどこかにある巣で育ったのだろう、と思いました。

レストランがある駅前広場は、再開発の計画で拡張されることになったということです。レストランは取り壊され移転します。この春が美しい生きものの町が育つ最後の年になるかもしれません。でも、わたしは散歩で得た知恵から、今ある生きものの共同体はお互いにつながっていて、生まれ変わったレストランによみがえる、と信じることができます。

生きものたちの、尊い春――あとがきにかえて

野生の生きものにも、春は格別の季節に違いありません。本文にあるとおり、ムササビは春の初めに赤ちゃんを産みます。赤ちゃんはすくすく大きくなり、春の終わりには、一人遊びに興じるはつらつたる姿を見せます。

２００９年５月４日、わたしが所用で出かけて午後にもどると、山小屋の戸口のグミの枝につかまって震えるムササビの赤ちゃんがいました。掌《てのひら》にのる小ささでしたが目は開いていて、４月の上旬に生まれた、と推測しました。岩手の山小屋の近辺でムササビを見たことはなく、なぜ、戸口に落ちていたかは謎です。

ムササビの赤ちゃんは消耗していました。わたしは「チャメ」と名付け、お母さんの代役をかってでました。体を暖め、ミルクを飲ませて掌で眠らせました。5月30日、チャメはわたしとかくれんぼう遊びをするほど成長していました。

その日、わたしはチャメはもう、好きな空間を選べるのではないか、と思い、巣箱をつくって前に置きました。

チャメは自ら巣箱に入り、中の要所要所を調べました。関心を持って調べている、と

わかりました。写真は、調べ終えて、外をながめるチャメです。わたしはチャメには時空を楽しむ個性が育っている、と感じたのですが、さて夏には、どんな姿を見せてくれるでしょうか？

2012年4月

今泉　吉晴

チャメはすっかり巣箱が気に入ったらしく、くつした、タオル、ハンカチ、軍手など、お気に入りの巣材をくわえては、巣箱に運びました。ついにはシーツを巣箱に引き込もうとして大奮闘しました

初出一覧

（いずれも朝日新聞別刷PR版より）

春の雪からあらわれた謎の物体	２００５年４月11日
雑草が作物より美味なのはなぜ？	２００７年３月13日
「チビちゃん」の命で輝く森	２００３年１月13日
森の水がワサビを育てる土砂を運ぶ	２００７年６月１日
古い果樹園を助け出す	２００３年８月12日
わたしを信頼してくれている証拠	２００６年５月８日
ムラサキケマンは食べつくされる？	２００５年５月９日
鳥と人が気づき合って生まれる交流	２００６年４月１日
森は自然の図書館です	２００６年６月１日

砂煙上げて身をかくす　２００６年10月９日
森の隙間の野菜畑レストラン　２００４年６月15日
森の動物に会いにいく　２００２年１月３日
自然の不思議に魅せられる　２００３年４月14日
未確認飛行物体に出会っているかも　２００２年５月20日
森に小さなお家をつくってみると　２００２年６月17日
「しあわせ」いっぱいの春　２００３年５月12日
野生動物の体形と動きの関係　２００４年５月10日
谷間にはいいことがいっぱい　２００３年３月11日
駅前レストランの美しい住人たち　２００８年３月10日

今泉吉晴（いまいずみ よしはる）
1940年東京生まれ。動物学者・著述家。都留文科大学名誉教授。東京農工大学獣医学科卒。山梨と岩手の山林に山小屋を建て、植物の手入れや畑づくりをしながら、モグラ、野ネズミ、リス、ムササビなど、森の小さな動物たちの観察・研究を続けている。『ムササビ―小さな森のちえくらべ』（平凡社）で日本科学読物賞、『シートン―子どもに愛されたナチュラリスト』（福音館書店）で児童福祉文化賞、小学館児童出版文化賞受賞。その他の著書に『野ネズミの森』（フレーベル館）、『空中モグラあらわる』（岩波書店）など。訳書にヘンリー・D・ソロー『ウォールデン　森の生活』（小学館）、『シートン動物誌』（紀伊國屋書店）、完訳版『シートン動物記』（全15巻、童心社）などがある。

わたしの山小屋《やまごや》日記《にっき》〈春《はる》〉
動物たちとの森の暮らし

二〇一二年六月　五日　初版第一刷印刷
二〇一二年六月一五日　初版第一刷発行

著　者　今泉吉晴
発行者　森下紀夫
発行所　論創社
東京都千代田区神田神保町二－二三　北井ビル
電話〇三－三二六四－五二五四　FAX〇三－三二六四－五二三二
振替口座〇〇一六〇－一－一五五二六六

印刷・製本　中央精版印刷

ISBN978-4-8460-1143-7